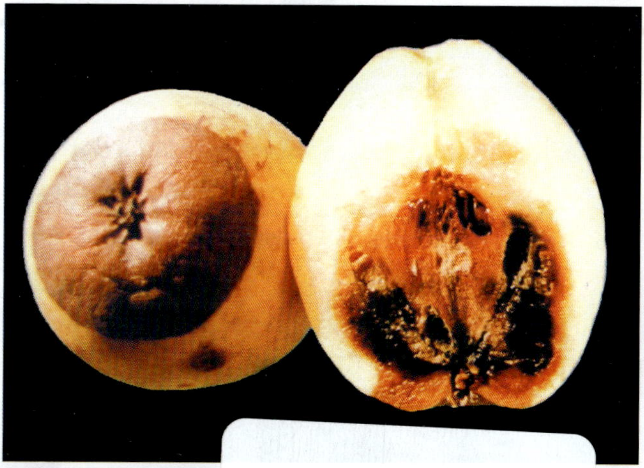
梨顶腐病

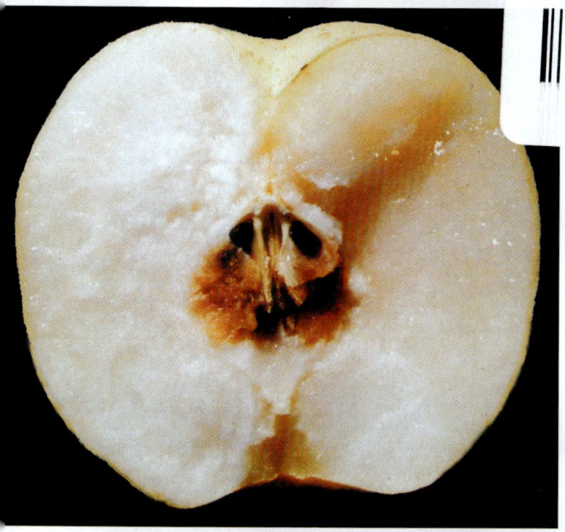
梨（黄金）褐心病

梨褐腐病

梨黑皮病

梨黑皮病

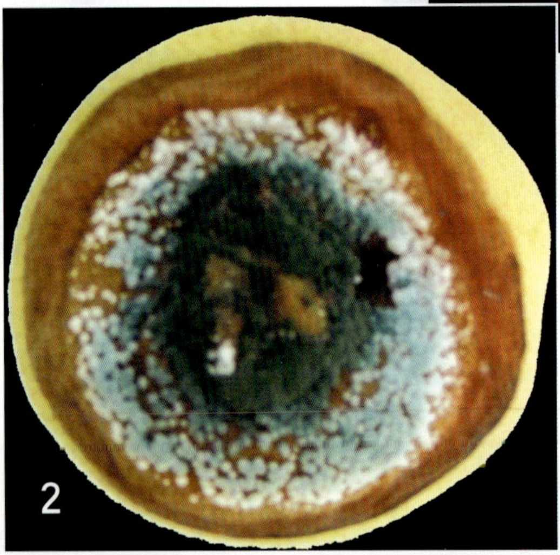

梨青霉病

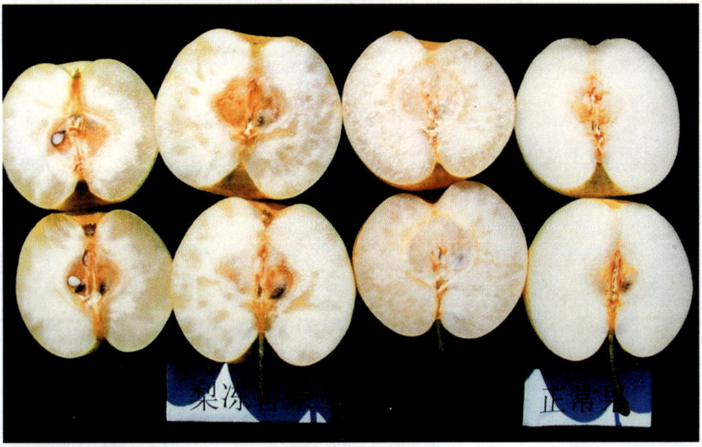

梨冻害（砂梨品种，最右为正常果）

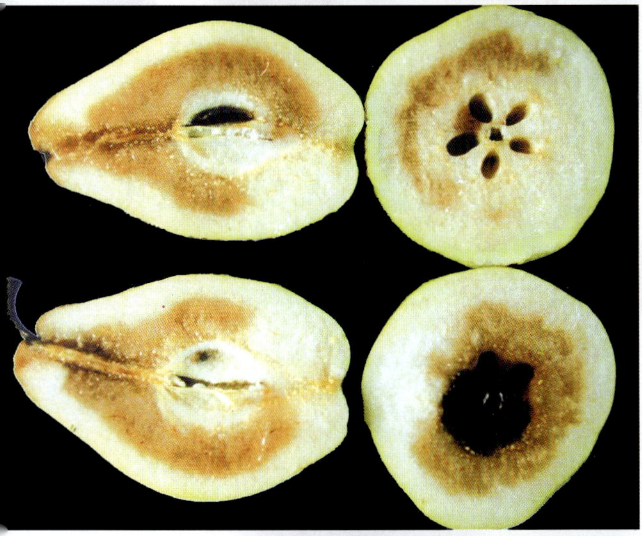

梨（五九香）冻害

梨冻害（砂梨品种，右为正常果）

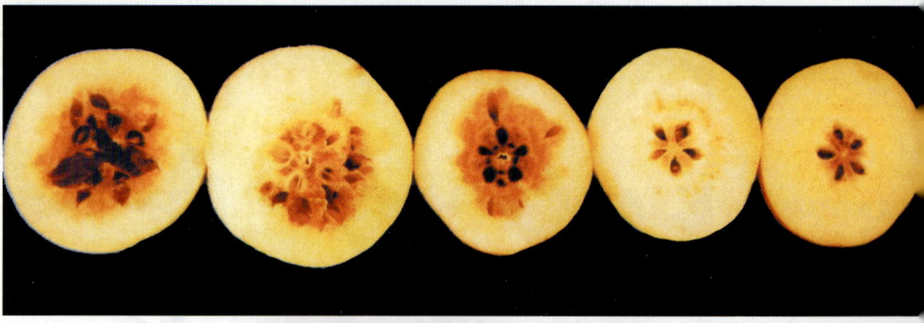

梨二氧化碳伤害症状（果心褐变）

梨（八月红）二氧化碳伤害分级

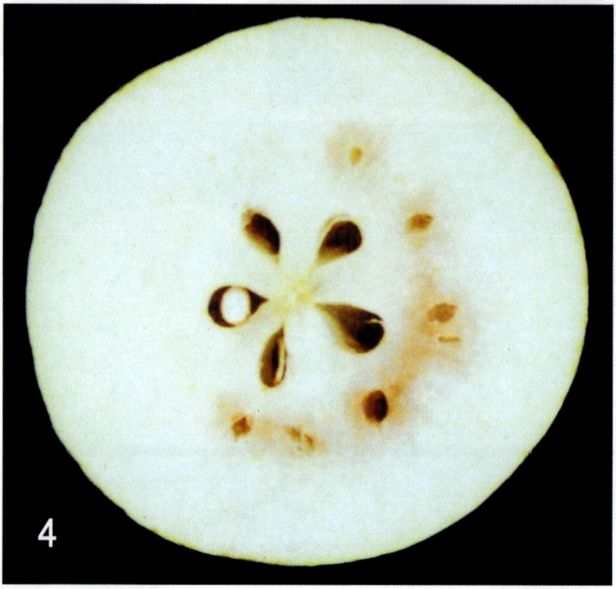

梨二氧化碳伤害

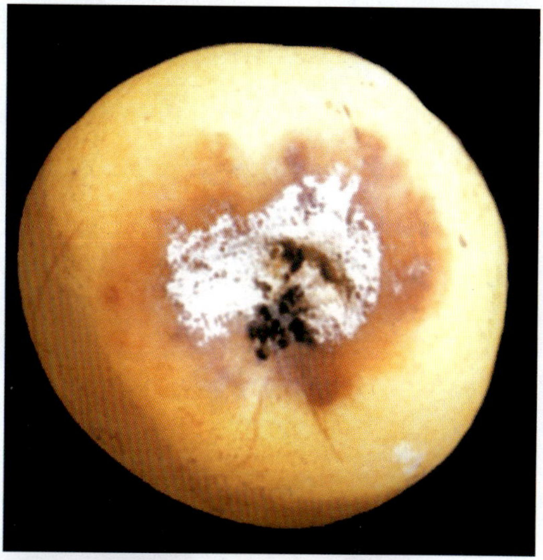

梨红粉病

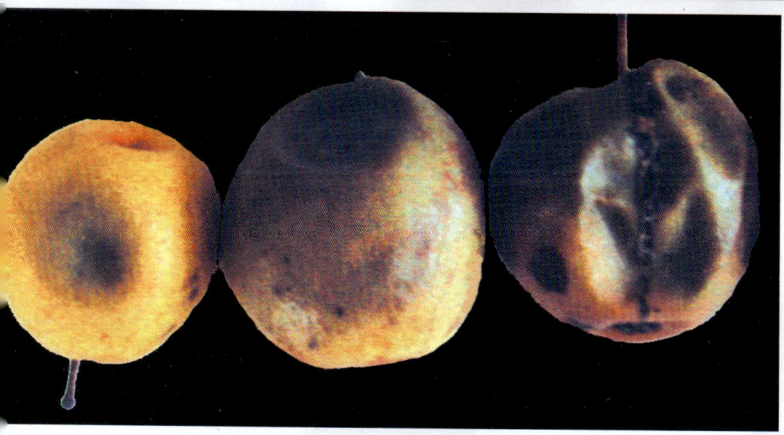

南果梨磕碰伤后常温存放数天至数十天

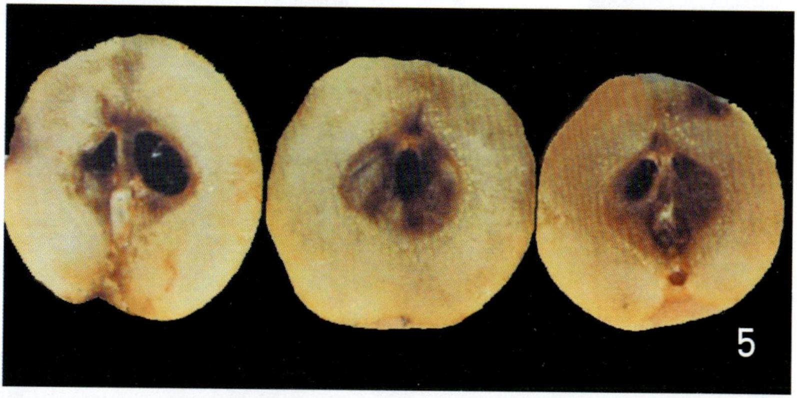

南果梨衰老症状

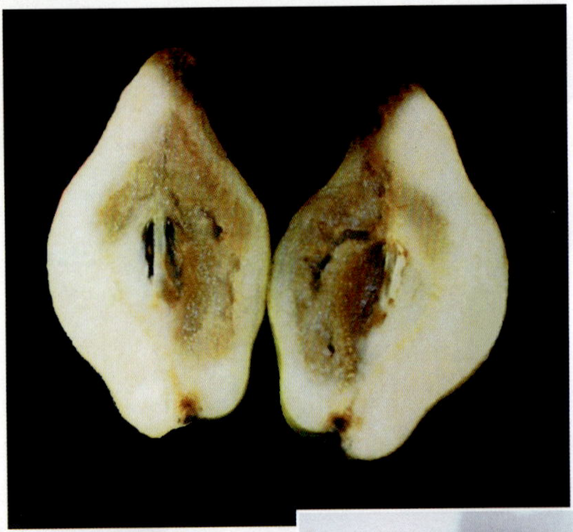

五九香梨衰老症状

葡萄冻害

葡萄二氧化硫伤害状
（孙希生摄）

苹果低温冷害

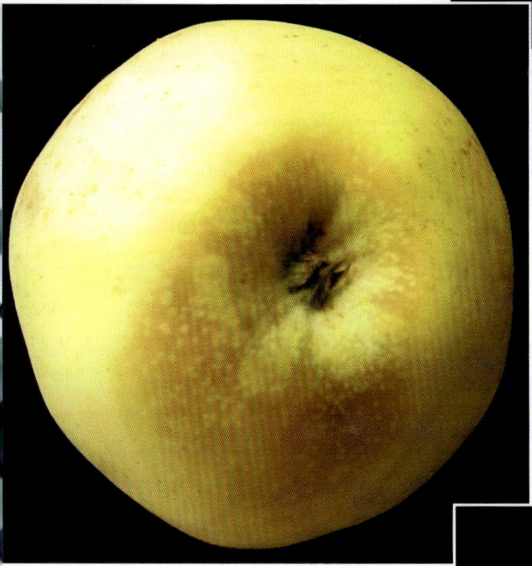

苹果冻伤症状

苹果仲丁胺灼伤

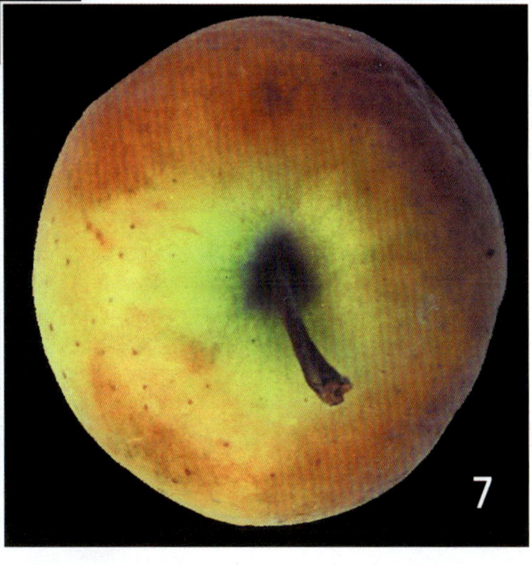

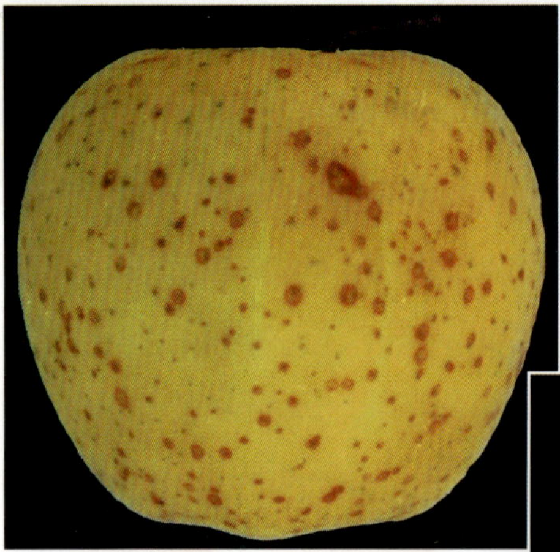

苹果二氧化硫伤害

苹果二氧化碳伤害

苹果腐皮病（左为正常果）

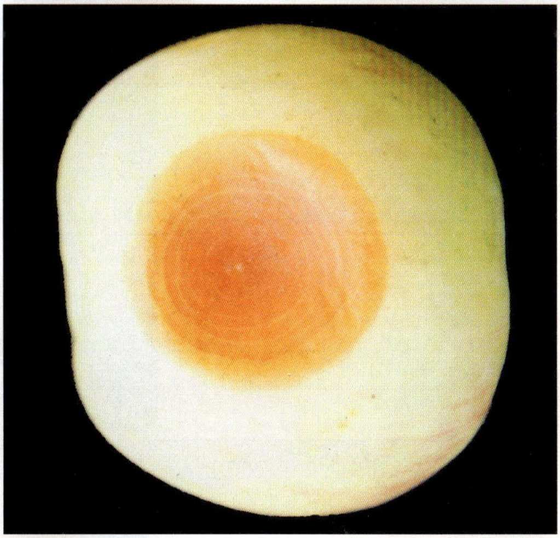

苹果轮纹病

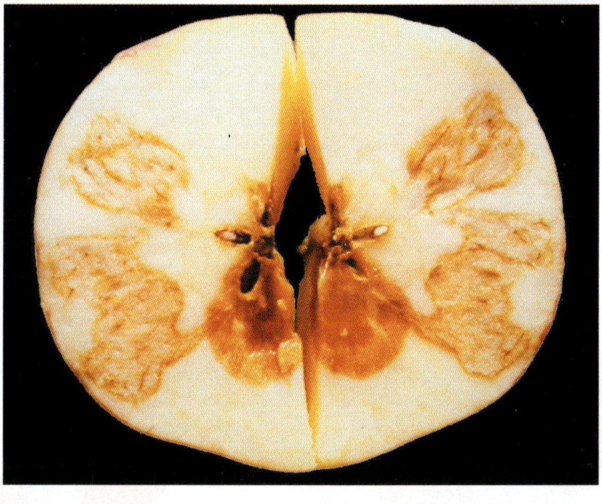

苹果霉腐病

苹果霉心病

苹果炭疽病外部症状

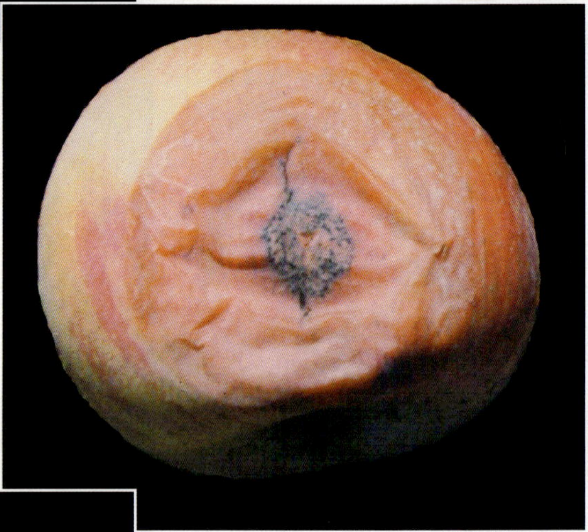

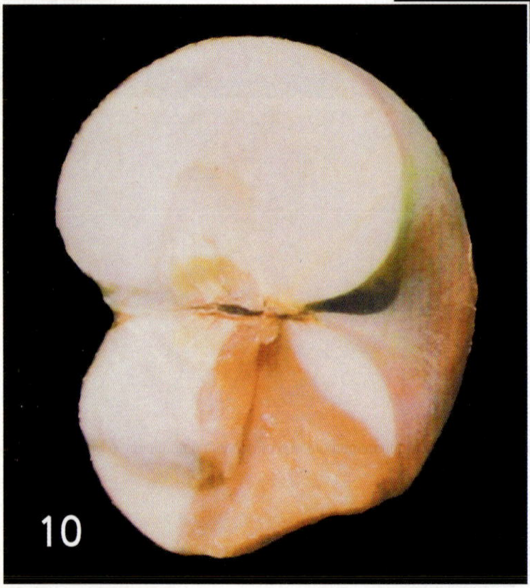

苹果炭疽病剖面症状

苹果水心病

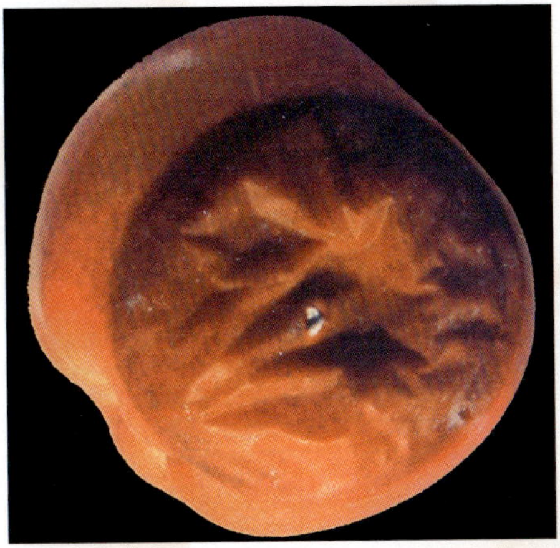

苹果青霉病

苹果蝇点病

荔枝炭疽病
（徐步前摄）

鲜枣低温冷害

鲜枣低温冷害

鲜枣二氧化硫伤害

鲜枣二氧化碳伤害（外观）

鲜枣二氧化碳伤害（果肉）

鲜枣正常转色（左）与低温非正常转色（右）

二、水果采后处理及包装

不同成熟度梨淀粉染色
（五九香采收过晚）

苹果（新红星）淀粉染色
（适于中长期贮藏）

水果保鲜销售

水果包装艺术

鲜枣小包装

鲜枣不同成熟度及打孔塑料袋小包装贮藏

涂蜡苹果

梨果保鲜保装

葡萄木箱与
塑料箱包装

水果礼品箱包装

泡沫塑料箱包装及码垛

冷库一角

大型果品采后分级
（处理）生产线

大型果品采后分级
（处理）生产线

大型果品分级
包装生产线

水果分级包装生产线

香蕉采后处理

贮藏水果用大
木箱和托架

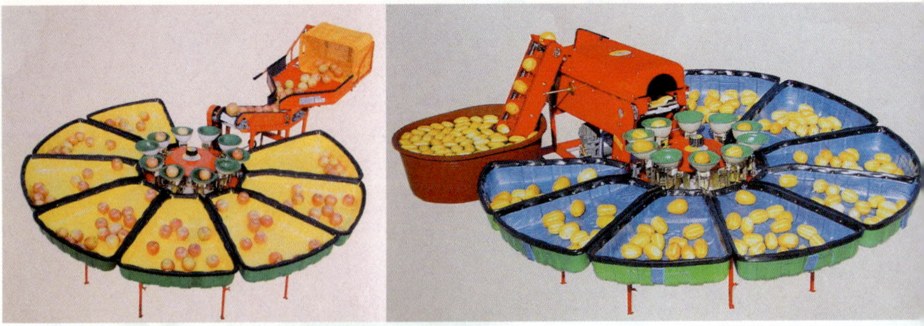

小型重量式果实分选机

小型电子重量式果实分选机

龙眼（储良）塑料筐装（徐步前摄）

三、贮藏保鲜技术及效果

京白梨1-MCP处理贮藏10天效果

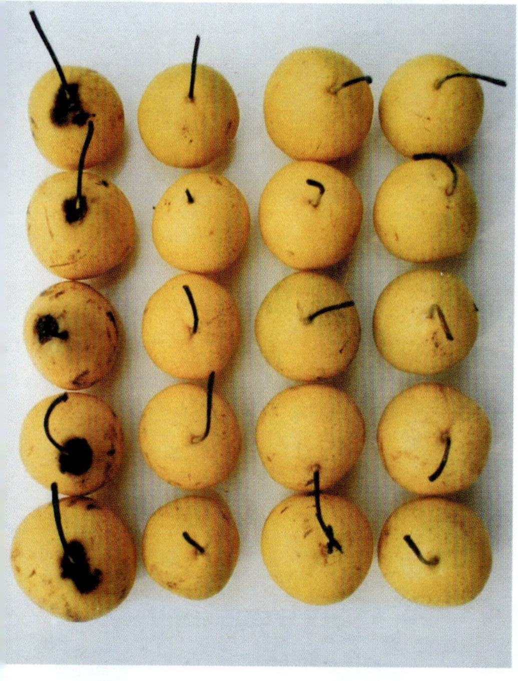

京白梨1-MCP处理贮藏30天效果

温度 0℃贮藏 45 天的朝阳蜜桃

新红星 1－MCP 处理（左）与对照（右）贮藏 6 个月效果对比

锦香梨 1－MCP 处
（左）与对照（右）贮
效果对比（冷藏 4 个
+20℃贮藏 7 天）

草莓速冻保鲜

气调贮藏 3 个月的冬枣

冷藏保鲜 45 天的哈密瓜（皇后）

冷藏保鲜 45 天的哈密瓜（新密杂 7 号）

小包装冷藏4.5个月的红提葡萄

小包装冷藏 4 个月的巨峰葡萄

冷藏64天的李子（晚红）

锦西秋李不同处理常温贮藏6天效果对比（左为0.03毫米厚聚氯乙烯塑料袋包装贮藏，中为裸果贮藏，右为涂果蜡贮藏）

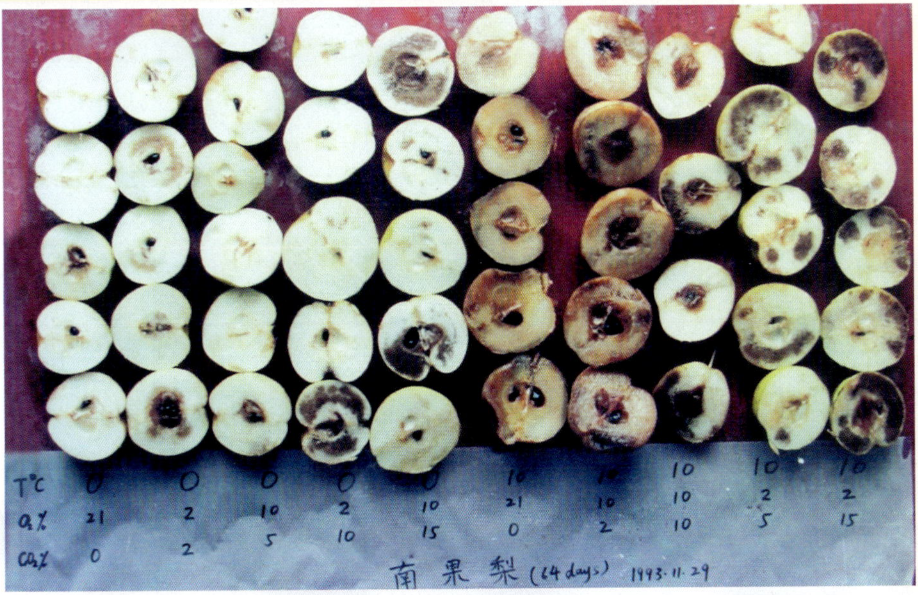

南果梨不同温度及气体成分贮藏 64 天果肉颜色

南果梨不同温度及气体成分贮藏 64 天外观

气调贮藏 9 个月 +7 天货架期的长把梨

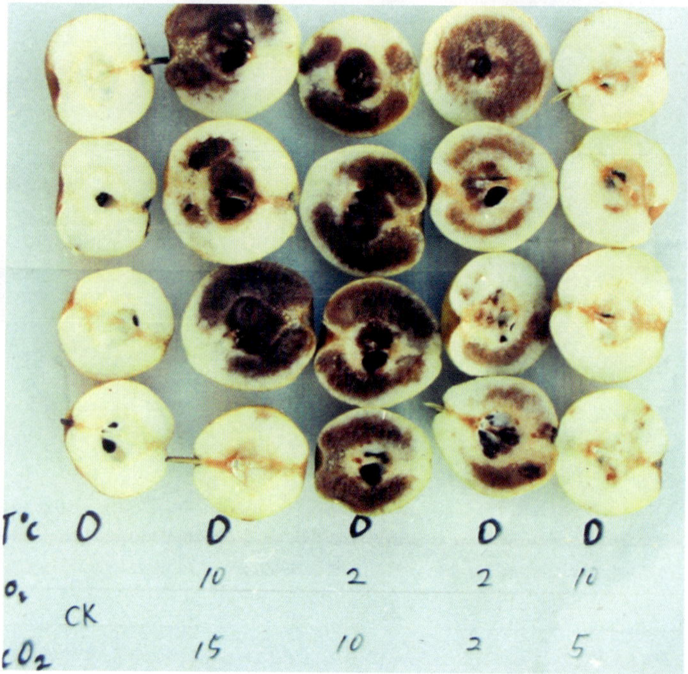

不同气体成分贮藏125 天的南果梨

四、贮藏设施、设备及常用测试仪器

微型冷库

小型吊顶风机

气调库外景

气调库技术走廊

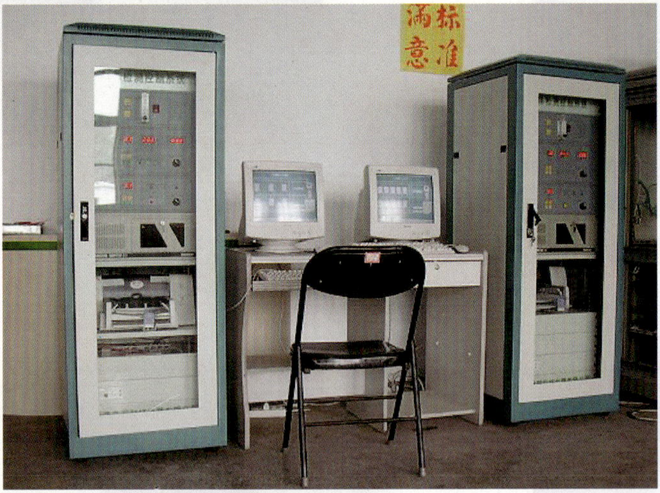

计算机测控系统

气调设备

气调贮藏试验用配气设备

半封闭（风冷）压缩机组（氟机）

全封闭（风冷）压缩机组（氟机）

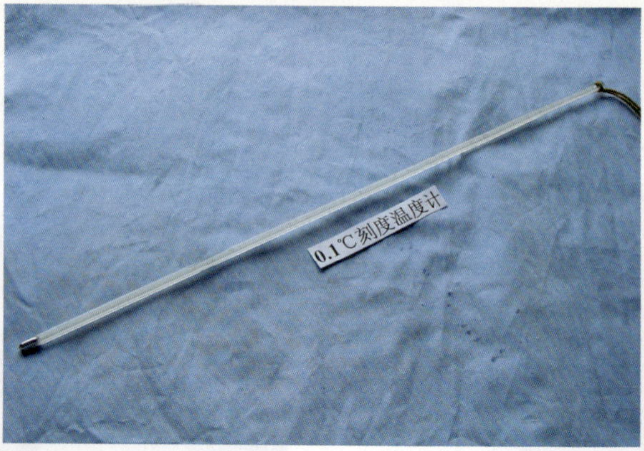

高精度棒状玻璃水银温度计

冷库温度测控仪

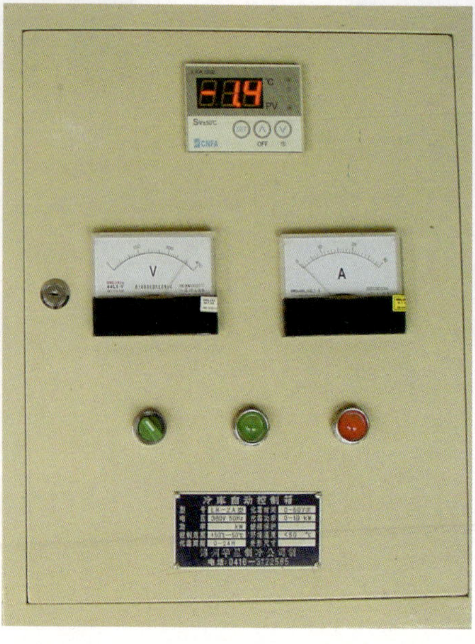

小型冷库温度测控及配电柜